AF547784

Die Deutsche Bibliothek – CIP Einheitsaufnahme
„Herr Meier ist nicht da..!" / Peter Kenkel
Telefonieren als Drehscheibe zwischen Himmel und Hölle.
Aus der Praxis für die Praxis einer
hektischen Arbeitswelt.
Cappeln: Verlag Peter Kenkel Medien
ISBN 978-3-944419-04-6

Cappeln, März 2013
Umschlaggestaltung: Katharina Kuper
Satz: Verlag Peter Kenkel Medien
Druck und Folie: Kuper (Alfhausen)
ISBN 978-3-944419-04-6

Fotonachweis:
© Toonstyle.com - Fotolia.com (1, 4)
© electriceye - Fotolia.com (8,13)
© Picture-Factory - Fotolia.com (10, 12, 14, 16, 22, 26, 28, 30, 32, 34, 36, 38, 40, 42, 46)
© vgstudio - Fotolia.com (18)
© Birgit Reitz-Hofmann - Fotolia.com (20, 44)
© DOC RABE Media - Fotolia.com (24)
© Michael Schindler - Fotolia.com (48)
© vschlichting - Fotolia.com (50)

Inhaltsverzeichnis

Vorwort

Da dank der Entwicklung moderner, schnurloser Telefone kein Hörer mehr auf die Gabel geknallt werden kann, bleibt es den Damen und Herren an so mancher Telefonzentrale erspart, den Frust der Kundin oder des Kunden am anderen Ende der Leitung gleichsam ungefiltert in die Gehörgänge injiziert zu bekommen, wenn ein Gespräch nicht so verlief, wie diese es sich vorstellten.

Aber welch undankbare Aufgaben erfüllt auch so eine Telefonzentrale!?

Sie ist erste Anlaufstelle für wutschnaubend vorgebrachte Reklamationen, für das unbeholfene Vortragen des Anliegens eines älteren Herrn zu seinem gestern gekauften Produkt, das aber im Telefonat erst nach gefühlten siebzehn Lichtjahren definitiv identifiziert werden kann, während im Hintergrund schon vier weitere Leitungen blinken;

zuständig für das Abwimmeln unerwünschter Werbeanrufe und für die zum dreiundzwanzigsten Mal gefälligst immer gleich freundlich vorzutragende Information, dass Herr Direktor Meier heute leider außer Hause sei und man es, bitte schön, morgen ab zehn wieder versuchen möge;

oder für den Anruf des Krankenhauses mit der freudigen Botschaft, die Gattin des Vorstandschefs habe soeben entbunden und man möge doch bitte den (hoffentlich glücklichen und höchstwahrscheinlich leiblichen) Vater benachrichtigen, da dieser nicht an sein Handy gehe…

Der Sympathiewert eines Unternehmens kann – welche Dramatik! – durch eine einzige, ungeschickte Reaktion der Dame oder des Herrn am Schaltpult der eingehenden Anrufe dauerhaft beschädigt werden.

Oder aber: Das Unternehmen, die Institution hat es nur noch mit schäfchenweich – angenehmen Mitmenschen, Kundinnen und Kunden zu tun, die selbst nach dem dritten Versuch, bei dem vermaledeiten Handy die Mailboxfunktion einzuschalten, nicht mit dem Staatsanwalt drohen, sondern dahinschmelzen, weil die nette Dame an der Telefonzentrale erzählt, dass ihre eigene Mutter, 77 und mit der Technik absolut auf Kriegsfuß, vier Versuche brauchte – und es seither problemlos schafft:

„Also ich sage Ihnen, seit Mama mit unserem Herrn Müller von der Technik gesprochen hat, macht sie das im Schlaf – Sie werden sehen, er hilft auch Ihnen! Ich stell´ Sie mal durch! Nur ein klitzekleines Sekündchen, ja? Und vielen Dank für Ihre Geduld, also meine Mama würde jetzt schmunzeln, wenn sie mitgehört hätte …"

Oh je! Klar ist die Kundin immer Königin und der Kunde immer König, klar bringt dieses Monarchenpaar doch nicht nur Umsatz und Gewinn, sondern sichert damit auch Arbeitsplätze und somit Lebensqualität.

Aber wie steht jemand einen Achtstundentag mit lotterieähnlichen Chancen für eine Atempause oder gar einem Gang an die frische Luft durch, ohne fünf Minuten vor dem verdienten Feierabend den aufgestauten Frust an der letzten Anruferin auszulassen?

Wie schaffen es Menschen in unserer Arbeitswelt, sich als Rechtshänder stundenlang das linke Trommelfell und als Linkshänder stundenlang das rechte Trommelfell oder gar mit einem beide Ohren streichelnden Headset mit den Anliegen oftmals völlig fremder Menschen mit gleichbleibender Gelassenheit, Freundlichkeit und Kompetenz zustopfen zu lassen?

Sie schaffen es, indem sie sich diesen Ratgeber auf den Nachttisch legen, ihn in der Kaffeepause lesen oder ihn gar als Grundlage für ein firmeninternes Training nutzen.

Denn jedes der hier aufgeführten Stichworte stammt aus der Praxis für die Praxis und listet tabulos Erfahrungen auf, in denen sich jede und jeder wieder erkennt und aus denen jede und jeder die eigene Arbeit optimieren kann.

Aber ohne die konsequente Einbindung der Damen und Herren an der Telefonzentrale in das gesamte Unternehmensgeschehen kann eine Telefonzentrale nicht optimal funktionieren!

Denn sie erfüllt – man höre und staune! – nicht selten die Aufgabe eines Regierungsspre-

chers, einer Regierungssprecherin: Nur wenn die Dame oder der Herr, dem Außenstehende als erstes (akustisch) als Repräsentanten der Firma begegnen, sich mit ihrer Firma auch zu hundert Prozent identifizieren und die Firmenphilosophie, die Firmenpolitik und das, was das eigene Unternehmen, die eigene Institution will, absolut verinnerlicht haben, kann eine stimmige Kommunikation stattfinden.

Eine Telefonzentrale ist nur bei selbstmordgefährdeten Unternehmen das Abstellgleis für Damen und Herren, für die man glaubt, sonst keine Verwendung mehr zu haben – eine Telefonzentrale ist in Tat und Wahrheit eine hochkarätige und damit hoch zu qualifizierende und für den Sympathiewert, die Außenwirkung und damit für die Stellung im Konkurrenzkampf überlebensnotwendige Schaltstation im Konzert der Marketinginstrumente eines Unternehmens!

Aber dieser Ratgeber wendet sich nicht nur an die Damen und Herren in den Telefonzentralen. Denn im Grunde ist jede und jeder, die oder der Telefonate von Externen entgegennimmt, den gleichen gnadenlosen Gesetzen der Kommunikation unterworfen, vom Azubi bis zur Abteilungsleiterin.

Nach der Lektüre dieses Leitfadens wird sich das Empathievermögen der Damen und Herren im direkten Außenkontakt der Unternehmen und Institutionen entscheidend ändern.

Es wird sich die Notwendigkeit erweisen, das Personal, das im direkten Kontakt mit Dritten steht – ob in einer Telefonzentrale oder unter einer Durchwahlnummer -, zu einem starken Glied in der Kette zwischen Produktion, Vertrieb, Verkauf und Verwaltung zu schmieden!

Der Autor,
im Winter 2013

Emotionen

Erkenntnis

Selbst von langjährig in der Arbeitswelt Agierenden unterschätzt wird die Bedeutung von Emotionen, von Gefühlen im Unternehmensalltag.

Es ist eben nicht so, dass wir unsere Empfindungen und Empfindlichkeiten, unsere Wesensart, die nun mal eben unsere Persönlichkeit prägt, also unser Temperament spiegelt, sozusagen an der Garderobe neben dem Firmeneingang abgeben!

Wir bleiben im Grunde stets die oder der, die oder der wir sind, auch am Arbeitsplatz – und das ist gut so: Wer seine Wesensart, seine Persönlichkeit acht Stunden am Tag oder länger verkrümmen, verleugnen müsste, würde rasch dauerhaft erkranken.

So ist es aber auch mit GesprächspartnerInnen am anderen Ende einer Telefonverbindung: Auch Anrufende sind die, die sie sind -Menschen!

Selbst bei einem Thema, das fachlich-sachlich nüchtern behandelt wird, spielt die jeweilige Wesensart der dabei miteinander kommunizierenden Menschen eine nicht unwesentliche Rolle.

Telefonate sind Gespräche wie alle anderen auch: Es menschelt auch hier. Es ist daher das Gebot der Stunde, dabei niemals außer acht zu lassen, dass vor allem die auch ansonsten üblichen Höflichkeitsformen gewahrt bleiben, die auch ansonsten beachteten Umgangsformen beachtet werden.

Denn beim Telefonieren entsteht eine in aller Regel nicht bewusst wahrgenommene, aber gefährliche Fernwirkung: Da kein Augenkontakt besteht, fehlt eine wesentliche Komponente, um die momentane Gefühlslage der Gesprächspartnerin, des Gesprächspartners optimal einschätzen zu können.

Es entschlüpfen uns oft Äußerungen, die wir – der oder dem anderen von Angesicht zu Angesicht gegenübersitzend – so vielleicht nicht getan hätten.

Konsequenz

Die Situation einer nur zweidimensionalen Kommunikation erfordert besondere Aufmerksamkeit und Behutsamkeit in Hinblick auf die Empfindlichkeiten der Beteiligten.

Da am Telefon eben nicht ein sich verändernder Gesichtsausdruck abgelesen werden kann, eine unwirsche Handbewegung gesehen, ein Augenbrauenhochziehen oder ein die Faust ballen, ist es Aufgabe der GesprächspartnerInnen, solche Reaktionen gleichsam zu ahnen, indem diese aus dem jeweils Gesagten herauszuhören sind.

Es bedarf in jedem Falle einer konsequenten Schulung, eines konsequenten Trainings, um fähig zu sein, die schwierige Konstellation im Rahmen von Telefonaten ebenso gut zu meistern, wie die alltägliche Kommunikation, bei der sich Menschen von Angesicht zu Angesicht gegenüber stehen.

Namen

Erkenntnis

Werden wir mit unserem Namen angesprochen, vermittelt uns das das Gefühl, wir werden respektiert und vor allem: Es wird uns rundum aufmerksam zugehört.

Einander beim Namen nennen schafft Nähe und Vertrauen, auch am Telefon.

Einander beim Namen nennen entschärft selbst kritischste Situationen.

Konsequenz

Bereits den Auszubildenden ist einzuschärfen, dass es nicht etwa „scheinheilige Rhetorik“ ist, sondern ein Zeichen des Anstands, in ein Telefonat – so wie überhaupt generell in Gespräche – immer wieder einmal den Namen der Gesprächspartnerin, des Gesprächspartners einfließen zu lassen.

Besonders in angespannten Situationen, wie zum Beispiel bei einer vorgetragenen Reklamation, lässt die Namensnennung innerlich jedesmal sozusagen die oder den so Angesprochene/n ausatmen.

Beispiele:

„Ja, Frau Krautkopf, das sehen Sie absolut richtig…“

„Es ist allerdings so, Herr Professor Hinkebein, dass…“

„Was wir sofort für Sie tun können, Herr Dr. Frankenstein, wäre…“

„Ich darf Sie mit meiner Kollegin Frau Schrumpfelhut verbinden – bitte einen kleinen Moment Geduld, Herr Schwarzenegger!“

Die Fünferhürde

Erkenntnis

In unseren Tagen, in denen so gut wie niemand im Privatleben und in der Arbeitswelt „Zeit hat", ist es eine Todsünde von Unternehmen, wenn Anrufende mehr als maximal fünf Klingelzeichen abwarten müssen, ehe ein Anruf entgegengenommen wird.

Es macht einen deutlich schlechten Eindruck, wenn ein Unternehmen während der gängigen Geschäftszeiten nicht problemlos telefonisch erreichbar ist.

Der Sympathiewert eines Unternehmens hängt leider aus Sicht der Kundinnen und Kunden auch von solchen Kleinigkeiten ab, wie wir alle aus unserem eigenen Alltag als Kundinnen und Kunden bestätigen werden.

„Da musst du ja stundenlang läuten lassen, bevor da mal jemand rangeht!" – kennen Sie das?

Klar, da werden im Zug der Wut aus wenigen Sekunden Stunden. Aber – siehe Stichwort „Emotionen" – so sind wir Menschen nun einmal!

Konsequenz

Wird ein Anruf von einer Telefonzentrale zu einer Nebenstelle durchgestellt und könnte es sein, dass der Anruf an dieser Nebenstelle nicht sofort angenommen werden kann – zum Beispiel, weil es sich um die Werkstatt handelt und der Monteur erst den Schraubenschlüssel aus der Hand legen und sich die öligen Hände abwischen muss –, dann hat die Telefonzentrale dies der oder dem Anrufenden vorher mitzuteilen, damit diese nicht ungeduldig werden. Da die Technik in Hinblick auf Telefonzentralen sehr fortgeschritten ist, müssen selbst kleine bis mittlere Unternehmen den Automatismus schalten, bei dem, wenn die häufig nur einzige Leitung besetzt ist, sich spätestens nach dem fünften Klingelton ein Band mit einer entsprechenden Nachricht meldet.

Diese Notwendigkeit ergibt sich selbst für kleinere Handwerksbetriebe, weil erfahrungsgemäß zum Beispiel bei einer Erstanfrage, die nach Adressen aus dem Telefonbuch erfolgt, sofort die nächste Adresse angewählt wird, bei der dann tatsächlich jemand den Anruf annimmt – und schwups, ist der mögliche Auftrag verloren!

Telefonzentralen

Erkenntnis:

Telefonzentralen und der Ton, die Art und Weise, mit der sie Anrufenden begegnen, spiegeln eins zu eins die Unternehmenskultur, den Sympathiewert eines Unternehmens.

Für Dritte, Externe, ist es immer dieser akustische Kontakt, mit dem sie die Firma Meier & Co in ihrem emotionalen Gedächtnis für alle Zukunft assoziieren (s. Stichwort «Emotionen»).

Im Spiel des Marktauftritts von Unternehmen und Institutionen ist der erste Eindruck am Telefon das Pik-Ass, die Trumpfkarte Nummer eins!

Damen und Herren in Telefonzentralen stellen die Weichen für Wohlwollen oder Missmut, für Geduld oder Unlust.

Konsequenz

Geschulte, trainierte, bewusst im Sinne der Unternehmenskultur denkende und vor allem in diesem Sinne sprechende MitarbeiterInnen in Telefonzentralen sind ein Marketinginstrument, das nicht hoch genug eingeschätzt werden kann.

Wenn Damen und Herren oder gar Auszubildende (Azubis) in Telefonzentralen eingesetzt werden, dann ist es ein Muss, ein Imperativ, diese Damen und Herren periodisch über das Betriebsgeschehen auf dem laufenden zu halten, sie darüber zu informieren, wie das Unternehmen sich insgesamt nach außen darstellt oder darstellen will.

Telefonzentralen sind nicht, wie in biblischen Zeiten, Damen, die nicht mehr zu tun haben als einen Stecker an einer großen elektronischen Pinnwand von einer zur anderen Stelle umzupolen, wie wir das aus Hitchcockfilmen kennen.

Sie sind intelligente, das Unternehmensganze verstehende und in diesem Sinne handelnde Abteilungen, die der Bedeutung der Buchhaltung und der Produktion in nichts nachstehen!

Sie wollen und müssen geschult, trainiert werden für die Aufgabe, das Gesicht des Unternehmens nach außen zu repräsentieren – akustisch, versteht sich.

Durchwahl

Erkenntnis

Versendet ein Unternehmen Briefe, auf denen die Durchwahl der Ansprechpartnerin, des Ansprechpartners vermerkt ist, gelten mit gleicher Konsequenz die allgemeinen Regeln der Erreichbarkeit.

Da es Menschen sind, die Telefonate entgegennehmen, haben sie auch menschliche Bedürfnisse, seien es jene der dritten Art oder einfach einmal eine Kaffeepause.

Da aber von Externen direkt anzuwählende Telefonnummern in letzter Konsequenz Telefonzentralen gleichzusetzen sind, gelten für solche Arbeitsplätze auch die gleichen Vorgaben wie für Telefonzentralen – siehe dort!

Konsequenz

Da Anrufende (gottlob!) mangels Videokontakt nicht voraussehen können, ob sich die oder der Angerufene auf der Toilette, in der Kaffeepause oder in einer Konferenz befindet, ist es eine zwingende Notwendigkeit und Anforderung an die Disziplin, exakte technische Möglichkeiten zu finden, um spätestens nach dem fünften erfolglosen Läuten den Anruf zurück zur Zentrale zu schalten.

Die Anbieter von Telefonanlagen stehen hierbei mit Rat und Tat zur Seite und bieten meist sehr kostengünstige Lösungen an.

Unter dem Stichwort «Protokolle» und «Weiterverbinden» und «Geht nicht, gibt´s nicht!» finden sich exakte Anweisungen, wie im Falle einer Rückschaltung zur Zentrale mit einem Anruf umgegangen sein muss, damit die oder der Anrufende sich als mit ihrem oder seinem Anliegen als respektiert und effizient behandelt fühlt.

Grußformeln

Erkenntnis:

Auf die sicher gut gemeinte und blitzschnell ins Telefon gesprochene Begrüßungsformel „Meier & Co in Hameln am Berg, Sie sprechen mit Gorbatschowa Zitzewitz, was kann ich für Sie tun?" antworten – nach Umfragen des Autors dieser Broschüre – nur zwei von zehn AnruferInnen direkt mit ihrem Anliegen, also zum Beispiel „...Frau Zitzewitz, Sie können folgendes für mich tun...".

Vielmehr reagiert die Mehrzahl der AnruferInnen schlichtweg damit, ihren eigenen Namen zu nennen und sich dann langsam – verbal – zu ihrem Anliegen vorzuarbeiten.

Konsequenz

Eine Grußformel am Telefon sollte nach folgendem Aspekt beschlossen werden, aus Sicht externer AnruferInnen: Welche Informationen sind für mich wichtig, wenn ich ein Unternehmen oder eine Institution anrufe?

- Die Antwort lautet:
- Bin ich richtig verbunden?
- Mit wem spreche ich?
- Mit wem muss ich für meine Anliegen weiter verbunden werden?

Daher genügt es also vollkommen, wenn sich die Stimme am Telefon mit

- Dem Firmennamen
- dem eigenen Namen und
- der Funktion meldet.

Denn wenn die Begrüßungsformel zum Beispiel lautet: „Meier & Co, Telefonzentrale, Sie sprechen mit Frau Müller?", dann ist alles klar.

Sprechgeschwindigkeit

Erkenntnis:

„Meier und Co, Jedkowa Ibicewicz, was kann ich für Sie tun?“ mit jugendlich-spritzig-stenographischer Geschwindigkeit vorgetragen, so dass Oma Humpelmann nur noch „Meier und Co“ versteht, sonst nichts, hilft der Oma nicht weiter.

Denn ihre Wahrnehmung ist nun mal etwas langsamer geworden, und den Namen Ibicewicz kann sie schon gar nicht nachsprechen, geschweige denn buchstabieren.

Das ist Alltag in zahllosen Telefonzentralen Deutschlands, aber auch an den Telefonen in den Abteilungen.

Dass sich in Oma Humpelmanns Welt eine Frau Meier, ein Herr Schulze oder Schmid meldet, war für sie jahrzehntelang selbstverständlich.

Wer also Ibicewicz oder einen wie auch immer (für Oma Humpelmann) ungewohnten Namen trägt, sollte diesen auch langsam und ruhig aussprechen.

Überhaupt ist es wichtig, die Sprechgeschwindigkeit am Telefon diesem Medium anzupassen, denn vergessen wir nie: Den Hörer oder den Telefonapparat halten unsere GesprächspartnerInnen ja nur an einem Ohr, während der Mensch ansonsten ja gewohnt ist, in Stereo zu hören, was natürlich die Verständlichkeit akustischer Botschaften erhöht.

Zudem reduziert sich die Qualität des gesprochenen Satzes auf einen klitzekleinen Lautsprecher im Apparat, was besonders für ältere Menschen manchmal eine Herausforderung bedeuten kann.

Konsequenz

Generell gilt für die Kommunikation via Telefon: Einen Gang rausnehmen!

Je besonnener, langsamer, bedächtiger wir am Telefon sprechen, um so exakter kommt unsere Botschaft am anderen Ende an – das ist das ganze Geheimnis optimalen Telefonierens!

Weiterverbinden

Erkenntnis:

Nichts ist ärgerlicher, als bei einem Anruf zigmal weiterverbunden zu werden und dann letztendlich doch nichts zu erreichen – Karl Valentins Klassiker „Buchbinder Wanninger“ ist ein groteskes Beispiel dafür.

Es ist vornehmste Pflicht jeder Telefonzentrale und überhaupt jeder Mitarbeiterin und jedes Mitarbeiters, sich vollumfänglich!!! um das Anliegen der Anruferin oder des Anrufers zu kümmern, so, als wäre es das eigene Anliegen!

Wenn eine externe Anruferin, ein externer Anrufer ihr/sein Anliegen viermal vortragen muss, frustriert und verärgert dies.

Konsequenz

Es gilt in der Arbeitswelt folgende Perlenkette der Effizienz im Umgang mit externen Anrufern:

- Anruf gemäß der firmeninternen Vereinbarung entgegennehmen (siehe unter «Grußformeln»).
- Sich den Namen der Anruferin, des Anrufers zu merken, ggf. zu notieren (siehe unter «Protokolle»).
- Sich das Anliegen der Anruferin, des Anrufers konzentriert anhören,
- gegebenenfalls nachfragen, um dieses Anliegen auch richtig zu verstehen.
- Den Namen der Person nennen, zu der dann weiterverbunden wird.

- Sollte der Anruf wieder in der Zentrale landen, weil bei der Nebenstelle nicht abgenommen wird, die Daten und das Anliegen der/des Anrufenden notieren (siehe Stichwort «Protokoll»).

- Der/dem Anrufenden die Durchwahl der gewünschten Person zu nennen und wann diese in der Regel erreichbar ist.

- Sich bei der/dem Anrufenden zu entschuldigen, dass die betreffende Person momentan nicht erreichbar ist.

- Die Mitarbeiterin, den Mitarbeiter, die oder der erreicht werden sollte, umgehend per Email oder per handgeschriebener Notiz über den Anruf informieren.

- Den Anruf ins Anrufprotokoll eintragen (s. Stichwort «Protokoll».

- Sich freuen, dass das Ganze mal wieder professionell erledigt wurde…

CALCULATE
TRAINING
MEETING
SALES MEETING
MEETING 2011
SALES
Azubis in Hochform

Erkenntnis:

Wer mit der Herausforderung zurechtkommen muss, als junger Mensch im Arbeitsleben wie ein Erwachsener mit langer Berufserfahrung handeln zu müssen und zugleich als Jugendlicher diese Welt erst kennenlernen zu müssen, steht unter einem besonderen Druck.

Trotzdem gelten für Auszubildende am Telefon zunächst die gleichen Regeln, die für alle anderen im Unternehmen gelten, was die Außenwirkung betrifft, denn externe AnruferInnen unterscheiden nicht zwischen Azubis oder Managern am anderen Ende der Leitung, sie wollen einfach ihr Problem gelöst haben.

Konsequenz

Junge Menschen in Unternehmen, die noch nicht mit der Selbstsicherheit eines Arnold Schwarzenegger oder einer Angela Merkel durch den Alltag pflügen, müssen besonders trainiert werden für den Umgang mit eingehenden Telefonaten.

Allerdings kann die oder der Auszubildende, sollte es zu einem Problem kommen im Gespräch mit Externen, durchaus einfließen lassen, dass sie oder er eben erst Azubi ist und um Nachsicht bitte – das wirkt in aller Regel Wunder und führt, nach aller Erfahrung, dazu, dass die Anruferin, der Anrufer, „einen Gang herausnimmt" und Verständnis zeigt, wenn ihr oder sein Anliegen eben jetzt doch nicht so optimal behandelt wurde.

Im Rahmen des Ausbildungsplans der Auszubildenden führt allerdings die Routine im Umgang mit dem Telefon nach aller Erfahrung zu einer Steigerung des Selbstbewusstseins junger Menschen, zu einer Steigerung ihres Selbstvertrauens und zu einer Steigerung ihrer Kommunikationsfähigkeit – also in jedem Falle zu positiven Ergebnissen.

Deshalb sollte es unbedingt Teil des Ausbildungsplans sein, Auszubildende vermehrt telefonieren zu lassen (nein, NICHT mit dem eigenen Handy am Schraubstock, um Kevin mitzuteilen, dass Julia gestern um vier Uhr morgens Pommes mit Majo bestellt hat bei der Party am Baggersee!!!!)

Wer fragt, führt!

Erkenntnis:

Die „alten Römer" haben, im Rahmen ihres Rechtswesens, diese Erkenntnis eingeführt.

In allen Lebensbereichen, vom Privatleben bis zum Geschäftsleben, halten immer jene das Heft der Gesprächsführung in der Hand, die konzentriert, konsequent und gezielt fragen!

Eine Ehefrau bringt ihren Ehemann zur Verzweiflung, Eltern ihre Kinder, eine Chefin ihren Mitarbeiter, wenn in kritischen Situationen mit zusammengezogenen Augenbrauen ... nachgefragt wird, oh je...

Aber es gilt auch: Nur wer konzentriert zuhört und dann nachfragt, kann sich ein präzises Bild von einer Situation, von einem Ereignis machen.

Am Telefon im Gespräch mit Externen erfüllt nachfragen eine wichtige Funktion, denn so kann das Anliegen der Anruferin, des Anrufers so präzise wie möglich verstanden werden.

Konsequenz

Konsequent Fragen zu stellen, wenn etwas berichtet, erzählt wird, ist ein Zeichen einer starken, selbstbewussten Persönlichkeit.

Konsequent Fragen zu stellen am Telefon hilft aber auch der oder dem Anrufenden.

Denn nur dann kann genau erfasst werden, an wen das Thema der oder des Anrufenden firmenintern weitergeleitet werden soll, wenn es sich um Anrufe zu einer Telefonzentrale handelt.

Bei weitergeleiteten Anrufen, die bei der richtigen Ansprechpartnerin, dem richtigen Ansprechpartner landen, ist Fragen stellen sogar das Gebot der Stunde:

Die oder der Anrufende fühlt sich ernst genommen;

Die oder der Anrufende ist gezwungen, den Grund ihres oder seines Anruf genau zu erklären, was nicht selten dazu führt, dass bereits während dieser Erklärung klar wird, dass das Problem ein ganz anderes ist als vermutet.

Fazit: Auch wenn sie ausgestorben sind, für die Telefonlandschaft in Deutschland 2013 sind die alten Römer doch zu was gut!

Geht nicht, gibt´s nicht

Erkenntnis:

Oberstes Gebot für jedes Unternehmen, für jede Institution, die morgen und übermorgen noch existieren wollen, ist: Kundenzufriedenheit!

Das Telefon als Kommunikationsdrehscheibe Nummer eins spielt dabei eine wesentliche Rolle.

Es hat kein Anliegen einer externen Anruferin, eines externen Anrufers zu geben, das nicht zu deren Zufriedenheit gelöst werden kann!

Am Telefon kann nicht jede Herausforderung an sich gemeistert werden, klar. Aber was gemeistert werden kann, ist das, was sich auf der Gefühlsebene abspielt (siehe unter Stichwort «Emotionen»).

Konsequenz

Es muss, für die Geschäftsleitung jederzeit nachvollziehbar, jeder Fall eines Anrufs von Externen, die sich mit einem ungewöhnlichen Problem an das Unternehmen, an die Institution wenden, im Sinne der Kundin, des Kunden gelöst werden.

Das ist, auf den ersten Blick, keine Aufgabe der Telefonzentrale oder des Azubis, der den Anruf entgegennimmt.

Aber im Gesamtkontext des Marketing eines Unternehmens spielt es eine herausragende Rolle, wie mit Außenkontakten besonders in den ersten Minuten eines Telefonats umgegangen wird.

Denn der Verkauf und der Vertrieb mögen sich abmühen bis zur Schmerzgrenze – wenn bei einem einzigen unprofessionell gehandhabten Telefonkontakt mit einer Kundin, einem Kunden Sympathie für das Unternehmen, für die Institution verspielt wird, kann ein einziger „schief gelaufener" Telefonkontakt die jahrelangen Bemühungen des Außendienstlers, der Werbeabteilung, des Vertriebsleiters zunichte machen.

Diese Tatsache muss – ja, ein Imperativ! – allen MitarbeiterInnen bewusst gemacht werden, die im Außenkontakt via Telefon stehen – «kleine Ursache, große Wirkung» gilt im positiven wie leider auch im negativen Sinne!

Es muss nachvollziehbar sein, dass das Anliegen der Anruferin, des Anrufers rundum befriedigt werden konnte – und das ist eine Gemeinschaftsaufgabe aller am Unternehmensgeschehen Beteiligten.

Grundsätzlich gilt: „Geht nicht, gibt´s nicht!" Es muss trainiert werden, dass jede und jeder im Unternehmen mit Außenkontakt

...stets das Kundenanliegen so zu ihrem/seinen eigenen Anliegen macht, als hätte sie oder er die eigene Mutter am Telefon

...ganz persönliche, individuelle Strategien entwickelt, um geduldig zu bleiben und selbst bei schwierigen GesprächspartnerInnen (s. Stichwort «Mistkerle») ruhig, höflich und aufmerksam zu bleiben

...das Kundenanliegen an andere delegiert, die es kompetent behandeln können und

...sich dann rückversichert, ob das Problem gelöst wurde, denn die Anrufenden haben dann ja auch den Namen der Dame oder des Herrn mit dem Erstkontakt notiert – mitgefangen, mitgehangen!

Zwischenbilanzen

Erkenntnis

Je länger ein Telefonat, je zahlreicher die darin angesprochenen Themen, um so größer ist das Risiko, dass am Ende des Gesprächs beide Gesprächspartner unterschiedliche Schlussfolgerungen ziehen oder aber – noch gravierender – nach dem Auflegen nicht mehr wissen, wo ihnen der Kopf steht und was nun eigentlich beschlossen wurde.

Konsequenz

Bereits den Auszubildenden ist einzuschärfen, dass es ein klassisches Mittel geschickter Verhandlungstechnik ist – ob am Telefon oder am runden Tisch – immer wieder das Besprochene zusammenzufassen, sozusagen jeweils kurze „Zwischenbilanzen" zu ziehen, also ein großes Thema gleichsam in kleinere Portionen zu zerlegen.

Alleine die Formulierung „Herr Hurzelknurz, darf ich kurz zusammenfassen, was wir bisher besprochen haben?" lässt beide Gesprächspartner ausatmen und – sachlich überprüfen, ob sie einander wirklich verstanden haben.

Zumindest am Ende eines Telefonats jedoch ist eine solche Zusammenfassung ein Muss, denn ..."Herr Hurzelschnurz ... ähh ... Schnurzelhurz ...ähh Hurzelknurz, wie verbleiben wir jetzt bitteschön?" ist Garantie für eine für beide Seiten zufriedenstellende Kommunikation.

P.S. Das mit dem Namen müsste vielleicht noch einmal kurz geübt werden ... aber wie die Leute auch heißen!!! Na ja, wir können ja nicht ganz Deutschland in Meier umtaufen...

„...und tschüs..!“

Erkenntnis

Wir alle kennen noch diese Formulierung: „...und sie knallte den Hörer auf die Gabel."

Das ist heute nicht mehr möglich, weil nicht nur jedes Handy, sondern auch so gut wie jedes andere Telefon kabellos und damit ... gabellos funktioniert.

Trotzdem endet jedes Telefonat zumindest mit einem deutlichen Knacken in der Leitung, auch wenn das Gerät nur auf die Basisstation gestellt wird.

Im Falle der Arbeit an Telefonzentralen mit Headset wird die Verbindung per Knopfdruck oder Tastendruck getrennt.

In jedem Falle aber: Sie wird hörbar getrennt, was für sie oder ihn am anderen Ende der Leitung akustisch wahrgenommen wird.

Konsequenz

Auch wenn das jetzt nach „...keine Zeit für sowas!" klingt: Es ist ein Gebot des Anstands, abzuwarten, bis die Gesprächspartnerin, der Gesprächspartner am anderen Ende der Verbindung aufgelegt hat, damit sie oder er nicht den Eindruck erhält, wir hätten – symbolisch! – den Hörer auf die Gabel geknallt und wären froh, dass das Gespräch endlich beendet ist.!

Es kostet uns nur Sekunden, abzuwarten, bis das „tüt...tüt...tüt..." erklingt. Aber dann sind wir sicher, dass unsere Gesprächspartnerin, unser Gesprächspartner von sich aus aufgelegt hat – voilà, wir waren sympathisch!

P.S. Wussten Sie übrigens, dass das Wort „Handy" in Stuttgart erfunden wurde? Ja, denn der erste Stuttgarter, den man ein mobiles Telefon zeigte, meinte nur lakonisch: „Ja, hen di kei Kabel??".

Protokolle

Erkenntnis

Wir kennen das von Anrufern bei Callcentern: „Zur Qualitätskontrolle kann dieser Anruf mitgeschnitten werden. Wenn Sie damit einverstanden sind, sagen Sie jetzt bitte Ja…"

Es wäre natürlich ein Unding, wenn Meier & Co, Hersteller von Pappnasen für Fasnachtsumzüge und Clownmasken mit patentiertem Gummizug jeden Anruf von Nachbar Müller wegen der Parkplatzprobleme oder von Oma Schmitzke wegen ihres Enkels, der Azubi ist und sein Butterbrot zuhause vergessen hat, mitschneiden würde.

Ein Muss ist aber das Führen von Anrufprotokollen für alle relevanten Anrufe von KundInnen, potentiellen KundInnen, LieferantInnen, GeschäftspartnerInnen.

Konsequenz

Auch wenn es nach Arbeit und Aufwand klingt: Im Zentrum jeder (!!!) Aktivität eines Unternehmens, einer Institution stehen zufriedene KundInnen!

Im Falle einer telefonisch vorgetragenen Reklamation zum Beispiel ist es ein Muss, dass präzise protokolliert ist, wer wann mit wem telefoniert hat.

Ganz altmodisch erscheint heutzutage zwar der gute alte Telefonnotizblock. Aber er ist ein solides Handwerkszeug, vorgedruckt mit

- Datum des Anrufs und Uhrzeit
- Name des Gesprächspartners und Rückrufnummer
- Grund des Anrufs
- Weitergeleitet an / wann
- Erledigt ja / nein
- Weiterbearbeitung?

Mistkerle

Erkenntnis:

Es gibt sie, überall im Alltag!

Sogar wir selbst können manchmal zu... «Mistkerlen» mutieren, wenn wir uns über etwas furchtbar aufregen – da gibt es dann nur noch: Emotionen! (siehe dort).

Je (lebens)erfahrener jemand ist, um so besser können wir allerdings mit Mitmenschen umgehen, die einfach mal „aus der Haut fahren".

Auszubildende mögen da am Telefon schon eher Schwierigkeiten haben: Immerhin gibt es da den sogenannten Respekt gegenüber den sogenannten Erwachsenen.

Da flippt also jemand am Telefon aus - na ja, das kennen wir aber auch von uns selbst, oder?

Und da gibt es ja auch noch die wirklich permanent fiesen Mitmenschen, die sich die Dame oder den Herrn am Telefon ausgespäht haben, um ihren Tagesfrust abzuladen,

Damen und Herren im Verkauf kennen das: Oft fühlen sie sich als «Fußabstreifer» für übel gelaunte Mitmenschen. Aber nachdem es dem Monarchenpaar «Königin und König Kunde» ja nicht mit gleicher Münze heimgezahlt werden darf, ballt sich die Faust in der Tasche.

Der harsche Ton mancher Mitmenschen sollte uns jedoch nicht gleich zu dem voreiligen Schluss verleiten, sie oder er wäre grundsätzlich ein Mistkerl (oder das feminine Pendant, für das erst ein Begriff gebildet werden muss, da es ja keine „Mistkerlin" gibt).

Denn nicht selten verbirgt sich hinter barschem Auftreten Unsicherheit, fehlendes Selbstbewusstsein oder gar – und diese Botschaft besonders an die Jugend gerichtet, die dieses Phänomen gottlob meist noch nicht kennt – eine chronische Krankheit, deren Schmerzen überspielt werden, eine Lebenssituation, die sie oder ihn täglich zur Verzweiflung treibt und diese Verzweiflung durch das Ventil eines forschen Auftretens entweichen lässt.

Konsequenz

Es kann auch anders mit unangenehmen Zeitgenossen umgegangen werden, als es ihnen sozusagen «mit gleicher Münze heimzuzahlen».

Ziel sollte stets sein, zu präzisieren, was genau unsere Gesprächspartner denn antreibt, sich ungewöhnlich aggressiv aufzuführen – denn dann ist meist schon die heiße Luft raus, wenn sie oder er sich, wie es so schön heißt, das Problem „von der Leber reden" kann.

Es ist kein Kunststück, sondern eine durchaus zu trainierende Verhaltensweise, wie am Telefon (aber auch ansonsten in der Arbeitswelt) aggressiven Mitmenschen zu begegnen ist.

Ehrlich gemeintes sich Einfühlen in sie oder ihn, die oder der da schnaubt vor Wut, ist erste Bedingung.

Auch wenn sich, nach Meinung der oder des wütend Angeschnaubten der Grund für die Aufregung als lächerlich oder gar als falsch erweist, gilt es stets, der oder dem anderen nicht das Gesicht zu rauben.

Wird beachtet, Nähe zu schaffen (s. Stichwort «Namen») und auf die Gefühle einzugehen (s. Stichwort «Emotionen»), kann der Grund der Aufregung rasch präzisiert, lokalisiert werden.

Ab dann wird die Anruferin oder der Anrufer, mit einem beruhigenden, akustischen gleichsam auf die Schulter klopfen, auf dem Weg zur Lösung des Problems begleitet – und es kann sich durchaus zeigen, dass aus dem Gespräch mit einem...Mistkerl das wird, was Humphrey Bogart am Ende des Films «Casablanca» zu Louis sagt: „Ich glaube, das ist der Beginn einer wunderbaren Freundschaft!"[1]

Outbound

Erkenntnis:

Callcenter teilen ihre Aufgaben in das sogenannte «Inbound», also eingehende Anrufe, und das sogenannte «Outbound», also selbst getätigte, ausgehende Anrufe.

Wenn eine Auszubildende ihrerseits bei einem Unternehmen anrufen muss, um zum Beispiel ein Produkt zu bestellen, wegen einer fehlenden Lieferung nachzufragen oder was auch immer, gilt es, genau dieses Vorgehen gründlich zu trainieren.

Denn auch hier gilt: Sobald der eigene Firmenname gefallen ist, repräsentiert sie oder er für die Person am anderen Ende der Leitung das gesamte Unternehmen Meier & Co!

Wir Menschen funktionieren nun einmal so, dass wir, wie der Lateiner sagt, «pars pro toto» nehmen, also ein Teil für das Ganze – und schwuppdiwupp heißt es nach einem ungeschickt geführten Telefonat, „...die bei Meier & Co sind aber auch Knilche...!", obwohl es lediglich der Auszubildende im ersten Lehrjahr war, dem sein Vorgesetzter eine wichtige Aufgabe anvertraut hat und der nun mal etwas Lampenfieber empfand bei diesem Telefonat.

Konsequenz

Konsequentes Telefontraining sollte zu jedem Lehrplan für Auszubildende gehören.[2]

Anrufe sollten simuliert und dann in der Gruppe konsequent analysiert werden.

Jede/r Auszubildende/r sollte sich seine eigene Terminologieliste fertigen, also eine kurze Liste von Ausdrücken, Formulierungen, die ihr oder ihm am besten „über die Lippen gehen", also sozusagen das, was wir sagen, wenn wir so reden dürfen, wie uns „der Schnabel gewachsen ist". Das erzeugt Authentizität.

Kurzum: Anzurufen will ebenso trainiert werden, wie angerufen werden!

Nachwort

Mit Sicherheit haben Sie, verehrte Leserin, verehrter Leser, auf diesen Seiten den einen oder anderen Tipp erhalten, wie sich der Arbeitsalltag am Telefon optimieren lässt.

Unsere Gesellschaft befindet sich in einem permanenten Wandel. Die Arbeitswelt spiegelt dies.

Unser Kommunikationsverhalten ändert sich. Durch die unterschiedliche Art, wie junge Menschen miteinander kommunizieren, wird auch die Unternehmenskultur beeinflusst.

Junge Auszubildende bringen einerseits „frischen Wind" in die Unternehmen, brechen aber bewährte Kommunikationsstrukturen oftmals unbewusst und ungewollt in einem Sinne auf, der dieser Kultur nicht immer entspricht.

Daher möge dieser Leitfaden vermittelnd wirken zwischen dem Bisherigen, im Grunde Bewährten, und dem möglichen Neuen, das die Jugend in die Unternehmen trägt.

Über den Autor

Peter Kenkel wurde 1979 in Vechta im Oldenburger Münsterland geboren.

Nach der Mittleren Reife, einer Lehre als Einzelhandelskaufmann und spannenden Jahren in Vertrieb und Verkauf wechselte er in die Industrie als Verkaufsleiter im Bereich Möbel mit Schwerpunkt Büromöbel – und entdeckte dort sein Gespür für den engen Zusammenhang zwischen seelischem Wohlbefinden am Arbeitsplatz und einer entsprechend ästhetischen, stimulierenden Umgebung.

Durch den Kauf eines bestehenden Handwerksbetriebes (ab da: Peter Kenkel GmbH) eröffnete sich für ihn 2007 die Möglichkeit, diese Erfahrungen in eigene Möbelkreationen einfließen zu lassen und durch die positive Mitgestaltung von Arbeitsräumen Menschen in der Arbeitswelt mehr Lebensqualität zu vermitteln.

Selbstredend waren zur Aufrechterhaltung eines höchstmöglichen Know how in allen unternehmensrelevanten Bereichen berufliche Weiterbildungen Bestandteil seines Arbeitsalltags.

Seit 2001 ist er auch als Geschäftsführer eines mittelständischen Unternehmens der Stahlbaubranche im Raum Vechta tätig.

Sein breites Knowhow als Unternehmer vermittelt er im Rahmen der Unternehmensberatung Peter Kenkel & Partner zu vielfältigen Themen aus der Arbeitswelt in Form von Schriften, Hörbüchern, Vorträgen und Seminaren.

Publikationen

In diesem Zusammenhang zu empfehlende Publikationen von Peter Kenkel Medien

Fair beraten, gekonnt verkaufen – 21 Stichworte zum Kundenkontakt

Das Verkaufsgespräch ist das Nadelöhr, durch das Umsatz und damit Gewinn eines jeden Unternehmens geschleust werden. Toptrainierte Verkaufsteams wissen um die Bedeutung dieser kleinsten, aber wichtigsten Einheit für das Überleben ihrer Firma und messen der permanenten Schulung optimaler Gesprächsführung die entsprechend hohe Bedeutung zu.

Dieser Ratgeber analysiert – aus der Praxis für die Praxis – die wichtigsten wesentlichen Bausteine fairer und gekonnt geführter Verkaufsgespräche. Die im Anhang eingefügten Arbeitsbögen ermöglichen eine zielorientierte, unternehmensinterne Schulung mit den eigenen Produkten und Dienstleistungen.

ISBN 978-3-944419-03-9

Menschen, Messen, Märkte
Messeerfolge in turbulenten Märkten

Im häufig unterschätzten Marketinginstrument Messe schlummern ungeahnte Reserven und Potentiale. Sie zu wecken ist keine Frage des Geldes, sondern präziser, professioneller Planung des jeweiligen Messeauftritts sowie einer optimalen Vorbereitung des Teams der Messestandsbesatzung.

Dieser Ratgeber analysiert – aus der Praxis für die Praxis – die wichtigsten wesentlichen Bausteine einer erfolgreichen Messeteilnahme vor, während und nach einem solchen Event. Die im Anhang eingefügten Arbeitsbögen ermöglichen eine zielorientierte, unternehmensinterne Schulung und eine professionelle step-by-step-Planung.

Der Ratgeber wendet sich an all jene, die Messeteilnahmen planen, organisieren oder an einer Messe als Aussteller/in teilnehmen. Aus der Praxis für die Praxis, behandelt das Werk alle wesentlichen Fragen zum Messestand und zur Beratungs- und Gesprächspsychologie an Messeständen. Im Anhang finden sich Checklisten für die firmeninterne Messevorbereitung.

ISBN 978-3-944419-00-8

Das 1x1 der Vortragskunst
Ein Ratgeber für Vortragende und Einladende

Lampenfieber, Versprecher, ähhs und ehmmms, gähnendes Publikum, rückkoppelnde Mikrofone – all dies gehört der Vergangenheit an, wenn Sie sich Peter Kenkels Ratschläge aus der Praxis für die Praxis des Vortragswesens eine Woche vor Ihrem Auftritt unter das Kopfkissen legen!

Dieser Leitfaden interessiert aber auch VeranstalterInnen – Hotels, Vereine, Verbände -, denn er enthält wichtige Tipps zum gekonnten Auftritt des Stars, für die Vorfeldarbeit und für die Nachbearbeitung.

Also ein Kompaktpaket zum Thema Vortragswesen, aufgelockert durch witzige Cartoons, die ebenso zum Schmunzeln einladen wie der locker und leicht lesbar geschriebene Text.

ISBN 978-3-944419-05-3

Anmerkungen

[1] Peter Kenkel, „Danke für Ihre Beschwerde!“ Über den positiven Effekt von Reklamationen. Aufsatz Cappeln 2013

[2] Peter Kenkel Unternehmensberatung, „Herr Meier ist nicht da..!“ Telefontraining für Auszubildende. Tagesseminar, s. unter www.kenkelundpartner.de

Weitere Publikationen unter
www.kenkelundpartner.de/Publikationen

FSC
www.fsc.org
MIX
Papier aus verantwortungsvollen Quellen
Paper from responsible sources
FSC® C105338